工程制图及 AutoCAD 习题集

张兰英 陈卫华 主编

北京理工大学出版社
BEIJING INSTITUTE OF TECHNOLOGY PRESS

内 容 简 介

本习题集与高等院校教材《工程制图及 AutoCAD》配合使用。内容包括：制图的基本知识与技能，投影的基本理论；点、直线和平面的投影；立体及其立体表面的交线的投影；组合体三视图的画图和看图及尺寸标注；轴测投影图；视图、剖视图和断面图；零件图、齿轮、螺纹及其他连接、公差，装配图，计算机绘图等。

本习题集适用于高等院校近机类、非机类专业，亦可供其他相近专业使用或参考。有些章节可根据不同专业的需要选用。

版权专有　侵权必究

图书在版编目（CIP）数据

工程制图及 AutoCAD 习题集 / 张兰英，陈卫华主编. —北京：北京理工大学出版社，2018.8（2023.8重印）
ISBN 978−7−5682−6273−6

Ⅰ. ①工⋯　Ⅱ. ①张⋯ ②陈⋯　Ⅲ. ①工程制图—AutoCAD 软件—高等学校—习题集　Ⅳ. ①TB237−44

中国版本图书馆 CIP 数据核字（2018）第 202677 号

出版发行 /	北京理工大学出版社有限责任公司
社　　址 /	北京市海淀区中关村南大街 5 号
邮　　编 /	100081
电　　话 /	(010)68914775（总编室）
	(010)82562903（教材售后服务热线）
	(010)68948351（其他图书服务热线）
网　　址 /	http://www.bitpress.com.cn
经　　销 /	全国各地新华书店
印　　刷 /	三河市天利华印刷装订有限公司
开　　本 /	787 毫米×1092 毫米　1/16
印　　张 /	7
字　　数 /	132 千字
版　　次 /	2018 年 8 月第 1 版　2023 年 8 月第 4 次印刷
定　　价 /	21.00 元

责任编辑 / 陆世立
文案编辑 / 赵　轩
责任校对 / 周瑞红
责任印制 / 李志强

图书出现印装质量问题，请拨打售后服务热线，本社负责调换

前　言

本习题集以教育部高等学校工科制图课程教学指导委员会关于《画法几何及机械制图》课程教学基本要求为依据，根据近年来发布的国家新标准，结合我校近年来对"工程制图"课程体系、课程内容教学改革的要求编写而成，与张兰英等编的《工程制图及 AutoCAD》教材配合使用。

本习题集适用于高等院校近机类、非机类专业，亦可供其他相近专业使用或参考。有些章节可根据不同专业的需要选用。

本习题集由张兰英副教授、陈卫华副教授任主编。参加编写习题集的有张兰英（第二章、第三章、第四章、第五章、第七章、第九章）、陈卫华（第一章、第六章、第八章、附录）等同志。本书由章阳生教授审稿。

由于作者水平有限，编写时间仓促，错误、不当之处在所难免，我们热诚希望广大读者提出宝贵的意见与建议，以便今后继续改进。谨此表示衷心感谢。

编　者

目　　录

第一章　制图的基本知识与技能 …………………………………………（1）

第二章　点、直线和平面的投影 …………………………………………（8）

第三章　立体及其立体表面的交线 ………………………………………（17）

第四章　组合体视图 ………………………………………………………（29）

第五章　轴测图 ……………………………………………………………（55）

第六章　机件的各种表达方法 ……………………………………………（63）

第七章　零件图 ……………………………………………………………（86）

第八章　标准件与常用件 …………………………………………………（91）

第九章　装配图 ……………………………………………………………（99）

1-1　字体练习　　　　　　　第一章　制图的基本知识与技能

制图校对审核序号名称数量材料比例班级零件

装配螺栓螺母垫圈弹簧键销滚动轴承齿轮蜗杆

箱盘盖叉架规格备注粗糙度技术要求标准认真

1-1 字体练习（练习内容为第1页汉字）

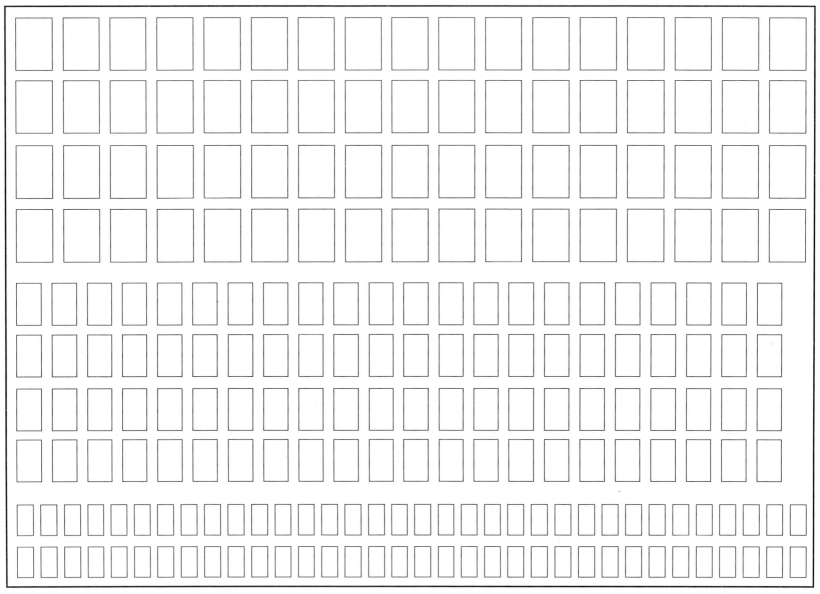

1-1 字体练习

1234567890R⌀ ABCDEFGHIJKLMNOPQRSTUVWXYZ

abcdefghijklmnopqrstuvwxyz αβγ

I II III IV V VI IX X

1-2　图线及尺寸标注

将下图按2:1的比例分别抄画在A3图纸上，并标注给出的尺寸。

1-3 几何作图

1-4 尺寸标注练习

根据《机械制图》国家标准关于尺寸标注的规定标注尺寸(尺寸数值可直接从图上量取并取整数值)。

(1) 标注各方向的线性尺寸。

(2) 注出直径。

(3) 注出半径。

(4) 注出角度。

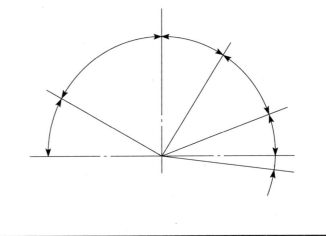

班级　　　姓名　　　学号

2-1 点的投影　　　　　　　　第二章　点、直线和平面的投影

(1) 根据轴测图作出点A、B、C的投影(尺寸按1:1从立体图中量取)。

(2) 作出点A(30，25，35)、点B(20，15，10)和点C(10，30，0)的三面投影。

2-1 点的投影

(3) 已知点B距离点A为15；点C与点A是对V面的重影点，点D在点A的正下方20。补全诸点的三面投影，并表明可见性。

(4) 比较三点A、B、C的相对位置。

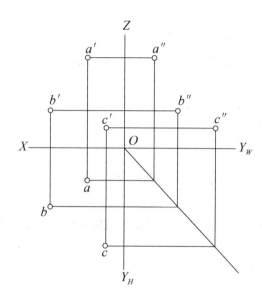

B点在A点：（上、下）_____ mm。
　　　　　（左、右）_____ mm。
　　　　　（前、后）_____ mm。

B点在C点：（上、下）_____ mm。
　　　　　（左、右）_____ mm。
　　　　　（前、后）_____ mm。

C点在A点：（上、下）_____ mm。
　　　　　（左、右）_____ mm。
　　　　　（前、后）_____ mm。

2-2 直线的投影

(1) 判别下列各直线是何种位置直线。

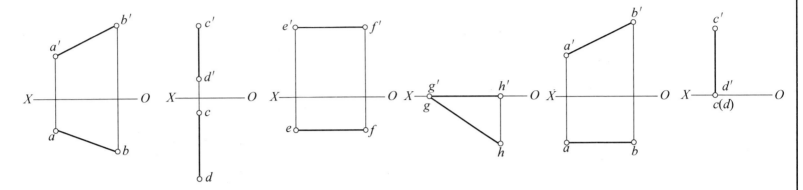

AB是_____线　　CD是_____线　　EF是_____线　　GH是_____线　　AB是_____线　　CD是_____线

(2) 求出下列各直线的第三投影，并说明各直线是何种位置直线。

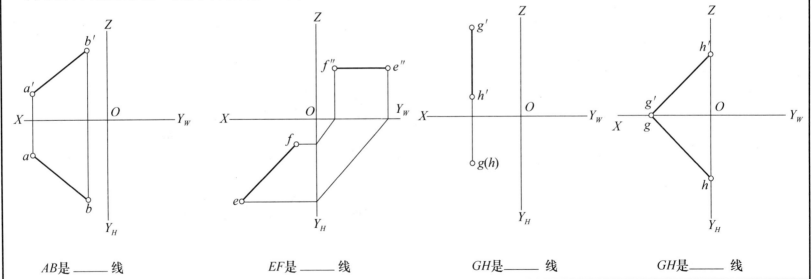

AB是_____线　　　　EF是_____线　　　　GH是_____线　　　　GH是_____线

2-2 直线的投影

(3) 在三投影图中标出立体图上所示各直线的三面投影,并说明它们是什么位置直线。

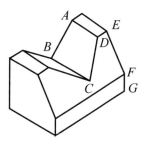

AB 是 _____ 线;　　DE 是 _____ 线;

BC 是 _____ 线;　　EF 是 _____ 线;

CD 是 _____ 线;　　FG 是 _____ 线。

(4) 已知直线 AB 和 CD 的两面投影,求其第三面投影,说明它们是什么位置直线,并在立体图中标出各直线的位置。

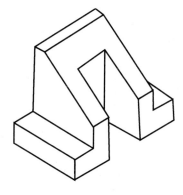

AB 是 _____ 线;

CD 是 _____ 线。

2-2 直线的投影

(5) 已知直线CD端点C的投影，CD长20mm，且垂直于V面，求其投影。

(6) 已知EF∥V面，点E、F离H面分别为5mm和15mm，求其投影。

(7) 已知直线AB为水平线，AB=20mm，β=30°，作出直线AB的三面投影。

(只需作出一个解答)

(8) 已知直线AB，在其上求一点K，使AK:KB=2:3。

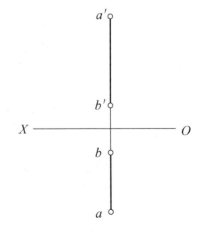

2-3 平面的投影

1. 想象下列各平面的空间位置，并分别写出名称。

2-3 平面的投影

2. 已知平面的两面投影，求第三面投影，并说明它们是什么位置的平面。

(1) 该平面是 ____ 面

(2) 该平面是 ____ 面

(3) 该平面是 ____ 面

(4) 该平面是 ____ 面

2-3 平面的投影

3. 在三投影图中标出立体图上所示各平面的三面投影，并说明它们是什么位置的平面。

(1)
面P是 ____ 面；
面S是 ____ 面；
面T是 ____ 面。

(2)
面P是 ____ 面；
面S是 ____ 面；
面T是 ____ 面。

2-3 平面的投影

4. 对照立体图，在投影图上注出直线和平面的投影，并说明它们的位置。

直线 AB 是 ____ 线；
直线 CD 是 ____ 线；
平面 P 是 ____ 面；
平面 Q 是 ____ 面。

直线 AB 是 ____ 线；
直线 AC 是 ____ 线；
平面 P 是 ____ 面；
平面 Q 是 ____ 面。

3-1 立体的投影

3-3 平面与曲面立体相交

(3) 补全圆锥被截切后的三面投影。

(4) 补全圆锥被截切后的三面投影。

3-3 平面与曲面立体相交

(5) 补全圆球体被截切后的三面投影。

(6) 补全半球体被截切后的三面投影。

3-4 两立体相交

(1) 完成三棱柱与三棱锥相交的正面投影。

(2) 完成圆柱与四棱锥相交的投影。

3-4 两立体相交

画出下列各立体表面内、外相贯线的投影。

3-4 两立体相交

完成下列各相贯立体的投影。

3-4 两立体相交

4-1　由轴测图画三视图　　　第四章　组合体视图

1. 看懂下列各轴测图，在4-1习题2中找出所对应的三视图，并将其编号填在该轴测图旁的圆圈内。

4-1 由轴测图画三视图

2. 根据 4-1 习题 1 上的轴测图，找出相对应的三视图。

4-1 由轴测图画三视图

3. 根据轴测图补齐视图中所缺的图线。

4-1 由轴测图画三视图

3. 根据轴测图补齐视图中所缺的图线。

(5) (6) (7) (8)

4-1 由轴测图画三视图

4. 根据轴测图上的尺寸画三视图(视图上不要求注尺寸)。

4-1 由轴测图画三视图

4. 根据轴测图上的尺寸画三视图（视图上不要求注尺寸）。

4-1 由轴测图画三视图

5. 根据轴测图画三视图，并标注尺寸。用 A3 图纸，比例为 1:2。

4-1 由轴测图画三视图

6. 根据轴测图画三视图，并标注尺寸。用 A3 图纸，比例为 1:1。

4-2 看图练习

1. 根据给出的两个视图，想出空间形状，补画出主视图上的漏线。

4-2 看图练习

2. 根据给出的视图，想出空间形状，补画出主视图上的漏线。

4-2 **看图练习**

4-2 看图练习

3. 根据两视图想出零件形状，并补画出另一视图。

(1)

(2)

4-2 **看图练习**

3. 根据两视图想出零件形状，并补画出另一视图。

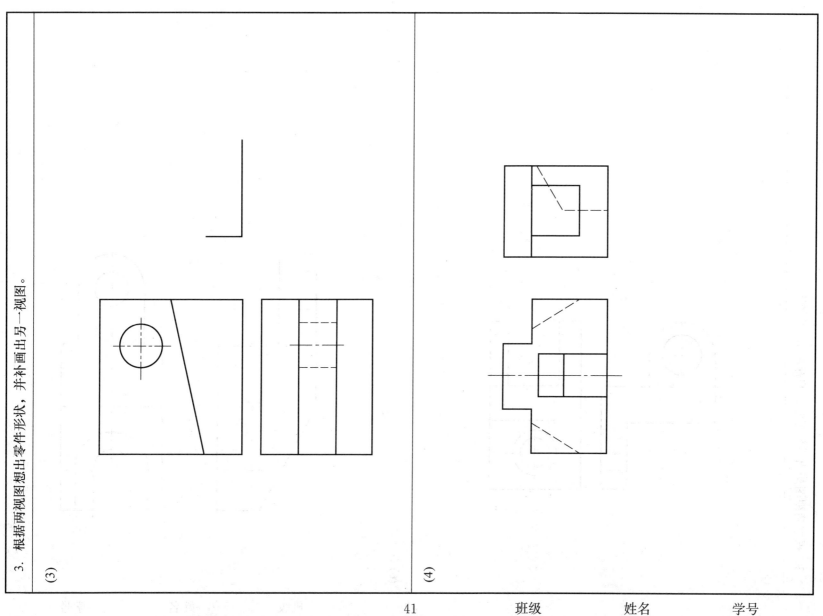

(3)

(4)

4-2 **看图练习**

3. 根据两视图想出零件形状，并补画出另一视图。

(5)

(6)

班级　　姓名　　学号

4-2 **看图练习**

3. 根据两视图想出零件形状，并补画出另一视图。

(7)

(8)

4-2 看图练习

3. 根据两视图想出零件形状，并补画出另一视图。

(9)

(10)

4-2 看图练习

3.根据两视图想出零件形状,并补画出另一视图。

(11)

(12)

4-2 看图练习

3. 根据两视图想出零件形状，并补画出另一视图。

(13)   (14)

4-2 看图练习

4-2 看图练习

4. 根据两视图想出零件形状，按2：1在A3幅面上画出下列立体的三视图，并标注尺寸(尺寸数值按1：1从图上量取，取整数)。图名："组合体的视图"。

48 班级 姓名 学号

4-2　**看图练习**

5. 根据两视图想出零件形状，按2∶1在A3幅面上画出下列立体的三视图，并标注尺寸（尺寸数值按1∶1从图上量取，取整数）。图名："组合体的视图"。

49　　班级　　姓名　　学号

4-3 标注尺寸

4-3　标注尺寸

标注尺寸(尺寸数值从图上1:1量取，取整数)。

(7)

(8)

4-3 标注尺寸

标注尺寸(尺寸数值从图上1:1量取，取整数)。

(9)

(10)

4-4 补图及尺寸标注的综合练习

1. 根据组合体的两个视图补画出其左视图，并标注尺寸(尺寸数值从图上1:1量取整数)。

4-4 补图及尺寸标注的综合练习

2. 根据组合体的两个视图，补画出其左视图，并标注尺寸(尺寸数值从图上1:1量取整数)。

5-1 轴测图　　　　　　　　　　　　　第五章　轴　测　图

根据已给出的视图，在指定位置画出物体的正等测。

5-1 轴测图

根据已给出的视图，画出物体的正等测。

(3)

(4)

5-1 轴测图

(5) 根据已给出的视图，画出物体的正等测。在A3图纸上，用适当的比例画出物体的正等测。

57 班级　　姓名　　学号

5-1 轴测图

(6) 根据已给出的视图，画出物体的正等测。在A3图纸上，用适当的比例画出物体的正等测。

5-1 轴测图

(7) 根据已给出的视图，画出物体的斜二测。

5-1 轴测图

根据已给出的视图，画出物体的斜二测。

(8)

(9)

5-2 轴测剖视图

(1) 根据已给出的视图，画出物体的正等轴测剖视图。

5-2　轴测剖视图

(2) 根据已给出的视图，画出物体的斜二轴测剖视图。

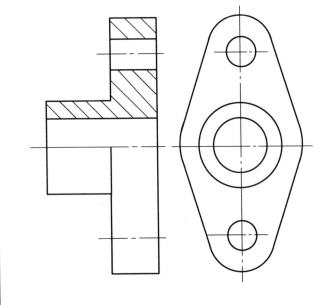

6-1 视图　　　第六章　机件的各种表达方法

1. 根据已给三视图，补画出右视图及在已给中心线位置画出仰视图。

班级　　姓名　　学号

6-1 视图

2. 根据已给主、俯、左视图，补画出其余三个基本视图。

6-1 视图

6-1 视图

5. 画出A向局部视图。

6. 根据轴测图及三视图,画出A向斜视图及B向局部视图。

6-2 剖视图

1. 根据零件的二视图，在给定的位置将主视图改画成全剖视图。

6-2 剖视图

6-2 剖视图

4. 已知物体的三视图，在指定位置画出A—A全剖的主视图和B—B半剖的左视图。

6-2 剖视图

5. 已知物体的主视图和俯视图，在指定位置画出A—A阶梯剖的主视图和B—B半剖的左视图。

6-2 剖视图

6-2 剖视图

6-2 剖视图

8. 已知物体的主视图和俯视图,将主视图画为B—B阶梯剖,并画出A—A半剖的左视图。

6-2 剖视图

9. 完成半剖视的主视图，求作全剖的左视图。

6-2 剖视图

10. 根据零件的二视图，在给定的位置将主视图改画成旋转剖视图。

$A-A$

6-2 剖视图

11. 根据零件的二视图，在给定的位置将主视图改画成旋转剖视图。

6-2 剖视图

12. 根据零件的二视图，在给定的位置画出B—B斜剖视图。

6-2 剖视图

13. 根据零件的二视图,在给定的位置将主视图改画成阶梯剖视图。

(1)

(2)

6-2 剖视图

14. 指出下列剖视图当中的错误,并将正确的剖视图画在给定的位置上。

(1)

(2)

6-2 剖视图

15. 根据零件的二视图，补画图中漏画的线条。

6-2 剖视图

16. 根据零件的二视图，补画图中漏画的线条。

(1)

(2)

6-3 断面图

1. 指出下列各组断面图中正确的是哪一个图形。

6-3 断面图

2. 正确画出A—A的移出断面图形。

3. 正确画出画有中心线肋板的重合断面图形。

6-3 断面图

4. 改正图中各种错误(包括投影及表达方法)，将正确的图形画在给定位置上。

6-4　表达方法

下列箱体零件都采用了哪几种表达方式?有什么特点?

7-1 极限与配合   第七章 零件图

1. 查表标注出下列零件配合面的尺寸偏差值(包括键槽的尺寸及其偏差值)。

7-1 极限与配合

2. 查表注出下列零件配合面的尺寸偏差值。

7-1 极限与配合

3. 某组件中的零件配合尺寸如图所示：

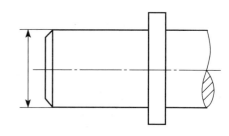

① 说明配合尺寸 $\phi 30 \frac{H8}{h7}$ 的意义。

② $\phi 30$ 表示什么？

③ H 表示什么？

④ $\phi 30 \frac{H8}{h7}$ 是基孔制还是基轴制？

⑤ 是哪种配合？

⑥ 分别在后三个图中标注上相应的基本尺寸和偏差数值。

7-2 形状和位置公差

将零件图中各种公差的要求用代号标注在图上。

7-3 表面粗糙度及配合公差

1. 检查表面粗糙度代号注法上的错误，在右图正确标注。

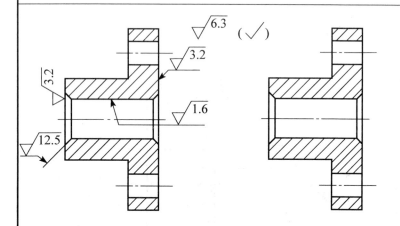

① 根据配合尺寸 $\phi 20 H8/k7$ 中各符号的具体含义填表。

配合尺寸	配合制	配合种类	基本偏差代号	标准公差等级
$\phi 20\dfrac{H7}{k6}$			孔	孔
			轴	轴

② 说明配合尺寸 $\phi 20H7/f6$ 中各符号的具体含义。

$\phi 20\dfrac{H7}{f6}$	$\phi 20$	H7	f6

2. 根据零件图(1)、(2)、(3)标注图(4)的配合尺寸。

90

8-1 螺纹　　　　　　　　　　　第八章　标准件与常用件

1. 查表后在下列各螺纹紧固件上的尺寸线处注上尺寸数值，并在图的下方写出其规定标记。

(1) A级六角头螺栓：螺纹规格d=M12，公称长度l=30。

规定标记 _____

(2) A级I型六角螺母：螺纹规格d=M16。

规定标记 _____

(3) A型双头螺柱：螺纹规格d=M12，b_m=1.25d，公称长度l=30。

规定标记 _____

(4) A级倒角型平垫圈：公称尺寸d=16。

规定标记 _____

(5) 开槽圆柱头螺钉：螺纹规格d=M10，公称长度l=45。

规定标记 _____

(6) A型圆柱销：公称直径d=16，长度l=35。
注：直径尺寸须注上其直径公差代号。

规定标记 _____

8-1 螺纹

2. 指出下列螺纹紧固件画法中的错误，并在其旁画出正确的视图。

8-2 连接

1. 在A3图纸上，用1:1画出图中标有连接件代号的连接装置，并正确配上各连接件，注写其规定标记。

8-2 连接

2. 更正下列各图画法上的错误（特别是箭头指处的错误），另用A3图纸按1:1画出正确的图样，并确定螺栓、螺柱、螺钉的长度及其螺纹长度。

螺栓 GB/T 5782—M20
螺柱 GB/T 898—M20
螺钉 GB/T 67—M20

8-3 齿轮

1. 一对相互啮合的直齿圆柱齿轮，其中心距 $a=60$，小齿轮齿数 $z_1=18$，大齿轮齿数 $z_2=2$，画出小齿轮的零件图。

模 数 m	
齿 数 z	
压力角 α	

键6×14
GB/T 1096—1979

20
Ø18
60

齿 轮	比例	1:1
	数量	

制图			重量		材料	
描图						
审核						

班级　　　姓名　　　学号

8-3 齿轮

2. 下图给出一对相互啮合的锥齿轮的主视图，其 $m=3$、$z_1=16$、$z_2=24$，按1:1画出其啮合的主视图和左视图。

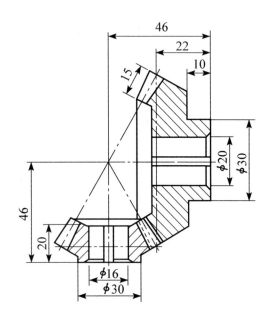

8-4 弹簧

已知：$d=8$，$D_2=40$，$H_0=160$，节距=16，画出如图(a)所示的弹簧。

(a) (b)

8-5 看零件图

看懂齿轮的零件图，对其表达方法、投影、尺寸标注及技术要求等进行全面分析。

技术要求
1. 各钻孔轴心线对规定位置的偏移不大于0.25。
2. 铸件表面不得有缩孔疏松等缺陷。
3. 未注圆角半径为R2。

9-1 由零件图画装配图——旋塞　　第九章　装　配　图

作业要求：
　　根据旋塞轴测装配图，旋塞的工作原理及结构说明，以及它的三个零件的零件图，在图纸上用1:1的比例画出其装配图。
　　旋塞的工作原理及结构说明：
　　旋塞是管路中的一种开关，特点是开关动作比较迅速。它的法兰用螺栓与外管道连接。用扳手将塞子搬动90°，就可全部打开管路。在锥形塞与壳体之间填满石棉盘根，再装上压盖，然后拧动双头螺柱上的螺母，使压紧填料，用以防止泄漏。

塞子　填料压盖
螺母GB/T 6170—2000
　（材料：Q235A）
双头螺栓GB/T 898—1988 M8×30
　（材料：Q235A）
壳体
填料
（材料：石棉盘根）

班级　　姓名　　学号

9-1 由零件图画装配图——旋塞

9-1　由零件图画装配图——旋塞

9-2 看装配图——阀

作业说明：看懂阀的装配图，并绘出阀体3的零件图。

工作原理说明：阀安装在管路系统中，用以控制管路的通或不通。当杆1受外力作用向左移动时，钢球4压缩压簧5，阀门被打开。当去掉外力时，钢球在弹簧力的作用下，将阀门关闭。

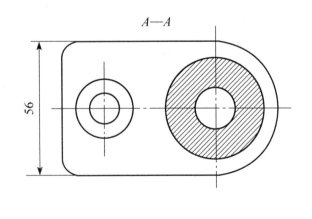

7	08、06、07	旋塞	1	30	
6	08、06、06	管接头	1	30	
5	08、06、05	压簧1×12×36	1	50	$n=8, n_1=10.5$
4	08、06、04	钢球	1	45	
3	08、06、03	阀体	1	HT250	
2	08、06、02	塞子	1	30	
1	08、06、01	杆	1	30	
序号	代号	名称	数量	材料	备注
阀			比例	1:1	（图号）
			件数		
制图			重量		
描图					
审核					